NOTICE

SUR

LES CHÈVRES ASIATIQUES

A DUVET DE CACHEMIRE,

ET

SUR UN PREMIER ESSAI TENTÉ POUR AUGMENTER LEUR
DUVET ET LUI DONNER DES QUALITÉS NOUVELLES,

PRÉSENTÉE

A LA SOCIÉTÉ CENTRALE D'AGRICULTURE ET DES ARTS
DU DÉPARTEMENT DE SEINE ET OISE,

PAR M. POLONCEAU,

MEMBRE DE CETTE SOCIÉTÉ ET DE CELLE D'ENCOURAGEMENT POUR
L'INDUSTRIE NATIONALE, INGÉNIEUR EN CHEF DE PREMIÈRE CLASSE
AU CORPS ROYAL DES PONTS ET CHAUSSÉES, A VERSAILLES.

VERSAILLES,

J. P. JACOB, IMPRIMEUR DE LA SOCIÉTÉ D'AGRICULTURE.

PARIS,

DELAUNAY, AU PALAIS ROYAL, GALERIE DE BOIS.
BOSSANGE PÈRE, RUE DE RICHELIEU, N° 60.

1824.

NOTICE

SUR

LES CHÈVRES ASIATIQUES

A DUVET DE CACHEMIRE,

ET

SUR UN PREMIER ESSAI TENTÉ POUR AUGMENTER LEUR DUVET ET LUI DONNER DES QUALITÉS NOUVELLES.

———

Des Schalls et des Tissus de Cachemire.

L'INTRODUCTION et l'usage des schalls de l'Inde en France se rattache à une époque bien remarquable de notre histoire, celle de l'invasion de l'Égypte par une armée française; avant cette expédition, célèbre par ses premiers succès ainsi que par ses revers, et surtout par l'union si rare des palmes de la science aux lauriers militaires, on connaissait à peine en France ces précieux tissus; on n'en avait vu porter que par des étrangers, Grecs, Turcs ou Persans; et la couronne seule en possédait quelques-uns offerts à nos rois par des souverains de l'Asie.

Les premiers schalls que l'on vit porter à des dames à Paris étaient de véritables trophées, car la plupart arrivèrent encore empreints du sang des Mamelucks, auxquels ils avaient été enlevés; bientôt la beauté de ces tissus, le charme d'un moelleux particulier qu'eux seuls possèdent, leur finesse, ainsi que l'élégance et la richesse de leur drapé, les firent rechercher avec empressement aux plus hauts prix; aujourd'hui ce n'est plus seulement un objet de mode, mais aussi d'utilité pour les personnes riches, parce qu'on a reconnu qu'aucune autre étoffe ne peut présenter avec autant de légèreté une garantie aussi parfaite contre l'action de l'air; ces besoins nouveaux ont donné naissance à des fabriques nouvelles; l'un de nos plus grands manufacturiers, M. *Ternaux* l'aîné, a donné le premier l'exemple de tisser et de brocher en France des schalls avec le duvet de Cachemire, à l'imitation et même à la manière de l'Inde : cette fabrication, à laquelle ont concouru depuis plusieurs fabricans très-distingués, tels que MM. *Bélanger, Boson, Lagorce, Bosquillon, Fournel,* etc., a pris un accroissement si rapide, que déjà on exporte une assez grande quantité de ses produits, et que M. *Ternaux* a vendu l'année dernière des pièces de cachemires pour l'Asie.

De plus, cet habile fabricant a fait exécuter diverses étoffes légères, et des tricots de simple utilité, à des prix modérés, tant en duvet de Cachemire pur, qu'en mélange avec la soie ou le coton; et l'usage de ces vêtemens est déjà très-répandu, parce qu'ils présentent tous les avantages de la laine avec beaucoup plus de finesse et de légèreté ; ce qui a fait dire avec raison que le Cachemire est la laine des classes aisées.

Ainsi, la fabrication du Cachemire français a créé une nouvelle branche de commerce, qui fournit à-la-fois à une consommation intérieure déjà fort étendue, et à une exportation naissante qui ne peut que s'accroître ; la conservation des chèvres qui portent le duvet de Cachemire, peut donc être considérée comme un objet d'utilité publique, digne d'un véritable intérêt.

De l'importation des Chèvres asiatiques en France.

Cinq années d'expérience ont prouvé que les chèvres asiatiques s'acclimatent très-bien dans différentes parties du royaume, à Toulon, à Perpignan, dans les Pyrénées, dans les Alpes, dans les Vosges, aux environs de Paris, et dans plus de vingt départemens, où elles sont déjà répandues : toutes les chèvres de ces divers troupeaux, qui n'ont pas été placées dans des pâturages humides ou insalubres, ont conservé la vigueur et la vivacité qui caractérisent cette race ; et on ne s'est point encore aperçu que ces précieux animaux aient dégénéré sous aucun rapport depuis leur arrivée.

Ainsi se trouve entièrement réalisé le projet extraordinaire, conçu et suivi par M. *Ternaux* avec ce zèle et cette persévérance qui surmontent tous les obstacles, accueilli et protégé par M. le Duc *de*

Richelieu, alors premier ministre, et si heureusement exécuté par M. *Amédée Jaubert* : nous devons regretter que ce savant trop modeste n'ait pas publié une relation détaillée de son voyage, et des difficultés si multipliées qu'il a eues à vaincre pour remplir la mission dont il avait eu le courage de se charger.

Pour assurer le succès de cette expédition, « il » fallait (dit M. *Ternaux* dans le rapport qu'il » adressa en 1819 à la Société d'encouragement » pour l'Industrie nationale) trouver un de ces » hommes rares et précieux qui, par leur courage » et leur habileté, savent triompher de tous les » obstacles, et qui ont, avec une volonté ferme, » le désir comme le talent de servir leur patrie; » il fallait que, par la connaissance de toutes les » langues orientales, et l'habitude des voyages » longs, difficiles et périlleux, cet homme pût réus-» sir dans une pareille entreprise : l'assemblage de » tant de qualités distinguées se rencontra dans la » personne de M. *Amédée Jaubert;* il fallait encore » rencontrer un ministre capable d'apprécier le » mérite d'une telle importation, et d'associer le » Gouvernement à une entreprise éminemment » utile, mais au-dessus de la force d'un simple » particulier ; il fallait que le ministre eût à-la-fois » la volonté et le pouvoir de la faire réussir; et » aucun autre ne le pouvait mieux que M. le Duc » de Richelieu. »

Pour apprécier tout le mérite de cette entreprise,

à laquelle ont coopéré trois hommes dont les noms jouissent de la plus haute considération, il faut remarquer que lorsque M. *Ternaux* en eut la première pensée, on n'avait pas encore de véritable certitude sur les animaux qui produisaient la matière première des schalls de l'Inde; on trouvait à la vérité dans plusieurs ouvrages et spécialement dans les relations des voyages de *Bernier*, de *Sonnerat*, d'*Ollivier*, de *Forster* et autres, des passages concernant la fabrication des schalls et les animaux qui produisent le lainage employé à Cachemire; mais les oppositions et les contradictions de ces divers auteurs avaient laissé l'opinion entièrement indécise sur ce point.

Ce ne fut qu'après des recherches longues et difficiles, et après beaucoup de peines et de frais, que M. *Ternaux* put établir des données assez positives pour déterminer le Gouvernement à autoriser cette expédition aux frais de laquelle il a lui-même contribué, et qui a été faite à ses risques et périls, puisque le Gouvernement s'était engagé seulement à payer des prix déterminés pour chaque chèvre ou bouc de Cachemire rendu en France. Des hommes ordinaires eussent sans doute rejeté comme téméraire et comme romanesque un projet qui présentait tant de difficultés; aussi le ministre qui l'approuva, et consentit à l'appuyer de son autorité et de son crédit personnel, doit-il partager la reconnaissance publique avec le grand négociant dont les vues, les calculs et la confiance ont été si complètement justifiés, et avec le savant Orientaliste à qui l'amour de son pays a donné la force de surmonter toutes les difficultés de l'expédition.

Le mérite de la race importée en France par M. *Jaubert* ayant été contesté par quelques personnes, il importe de constater que c'est bien réellement celle qui donne le véritable duvet de Cachemire; nous comparerons, dans la première partie de cette Notice, cette race avec une autre espèce de chèvres à duvet, introduites aussi en France par les soins du Gouvernement, et après avoir traité brièvement du régime de ces animaux et de la récolte de leur duvet, nous ferons connaître dans la seconde Partie les observations qui ont fait naître l'espoir d'accroître la production du duvet, et ensuite les essais tentés dans ce but et les premiers résultats obtenus.

PREMIÈRE PARTIE.

RECHERCHES ET CONSIDÉRATIONS GÉNÉRALES SUR LE DUVET DE CACHEMIRE ET SUR LES DIVERSES RACES DE CHÈVRES ASIATIQUES.

Du Duvet de Cachemire, et des Chèvres de l'importation française.

LE duvet que le commerce reçoit par les ports de la Russie, ou directement de l'Inde et de la Perse, provient des pays habités par diverses tribus de peuples nomades, tels que ceux du grand et du petit Thibet, les Kirghiz, les Kalmouks, etc. ; il ne diffère aucunement, même pour l'œil le plus exercé, de celui qu'on recueille sur les chèvres importées en France par M. *Jaubert* ; l'identité de l'espèce d'animaux qui produit l'un et l'autre est encore prouvée par la comparaison du jarre ou poil grossier des chèvres importées et de celui dont le duvet du commerce se trouve toujours mêlé en très-grande quantité ; on retrouve même dans la plupart des schalls de l'Inde de longs poils de jarre qui dénotent suffisamment l'origine de leur duvet ; et, pour ne laisser aucun doute sur ce point, nous citerons les attestations formelles d'un célèbre voyageur moderne et d'un négociant arménien, tous deux témoins oculaires et irrécusables.

La première déclaration est celle de *Turner,* qui dit positivement, dans la relation de son intéressant Voyage dans l'Inde, qu'il a vu au Thibet les chèvres qui produisent la matière propre à la fabrication des schalls de Cachemire. Les descriptions qu'il donne de leur taille moins élevée que celle des chèvres de l'Europe, de leurs belles formes, de leurs cornes droites et de leurs couleurs qui varient du blanc au gris bleuâtre et au fauve clair, s'accordent parfaitement avec les formes et les couleurs des chèvres de l'importation française. Ce voyageur établit clairement la distinction entre le duvet court, et soyeux voisin de la peau, et la toison de grand poil qui le couvre ; il déclare que des chèvres de cette race, transportées au Bengale, y perdirent promptement leur duvet par la chaleur excessive du climat, et ajoute que l'on a fait de vaines tentatives pour les acclimater en Angleterre, parce que le petit nombre de celles qui avaient résisté au trajet de mer périrent très-peu de temps après (1).

Dans la seconde déclaration, dont l'original est entre les mains de M. *Jaubert,* et dont on trouvera une copie à la suite de ce Mémoire, M. *Jouannin,* Drogman et Interprète de l'Ambassade française à Constantinople, a consigné les attestations d'un Arménien nommé *Kohdja-Joussuf,* qui, envoyé par une maison de Constantinople pour faire fabriquer et acheter des schalls, a habité long-temps Cachemire, et a parcouru une grande partie des Indes.

Cet Arménien, interrogé sur la fabrication des schalls de Cachemire, a déclaré formellement que l'animal qui donne la substance avec laquelle on fabrique ces schalls, « Est une chèvre du Thibet, » et non le chameau à une bosse, ni le mouton » indigène de Cachemire ; que ces animaux res- » semblent aux chèvres ordinaires ; qu'ils ont en » général les cornes droites ; que leur couleur » est blanche, ou café au lait ; qu'ils portent un » poil grossier (nommé *Bal* en cachemirien), le- » quel couvre le *tiftik* ou duvet laineux employé » à fabriquer des schalls ; qu'il a vu vingt à » trente de ces chèvres conservées par curiosité à » Cachemire ; que ce duvet s'emploie pur, sans » mélange de poil de chameau, ni de laine de » brebis ; qu'il a suivi lui-même tous les détails de » la fabrication depuis l'ouverture des balles en- » voyées du Thibet (qui renferment le duvet mêlé » avec le grand poil), jusqu'à l'entier achèvement » des schalls (2). »

Les réponses de cet Arménien sont certifiées par M. *Jouannin,* qui déclare que les détails qu'elles renferment lui ont été pleinement confirmés par deux négocians de Khaiva et de Boukhara, tous deux distingués par leurs connaissances, leurs voyages et leur sincérité : il ne peut donc rester au- cun doute sur l'espèce d'animaux qui donne le duvet de Cachemire.

Vainement on a cherché à élever des doutes sur le mérite de la race introduite en France par MM. *Jaubert* et *Ternaux,* et à affaiblir le mérite de leur importation; aucun fait n'a pu être produit à l'appui des assertions mises en avant, et il en faudrait de bien positives pour contredire l'expérience de nos manufacturiers, puisqu'ils ont fait des schalls aussi moelleux et aussi beaux que ceux de l'Inde, avec le duvet des chèvres de Perpignan et de Saint-Ouen.

Il paraît, d'après les récits des voyageurs, que l'on fabrique, dans quelques parties de l'Inde, des tissus comparables à ceux qui portent le nom de Cachemire, avec des lainages fins provenans d'animaux entièrement différens des chèvres du Thibet, et particulièrement avec le duvet du chameau très-jeune, ou mort-né; mais la rareté de ces lainages restreint dans des limites très-étroites la fabrication de ces étoffes qui, d'après les déclarations des négocians turcs, ne sont nullement comparables aux tissus de duvet de Cachemire pour la souplesse et le moelleux; et il est maintenant bien constaté que tous les véritables Cachemires de l'Inde se font avec le duvet des chèvres Thibétaines.

Les schalls de Cachemire ont été ainsi nommés parce que c'est en effet de la ville ou du pays de ce nom que provient la presque totalité des schalls. Par une extension bien naturelle, on a donné le nom de *Chèvres-Cachemire* à celles qui portent le duvet. C'est ainsi que les peaux d'agneaux de Crimée ou de Boukharie sont appelées *Astrakham*, bien qu'elles ne proviennent pas originairement de ce pays, et que les tissus de coton si connus sous la dénomination de *Mousselines* n'ont reçu cette dénomination que parce que ce fut par la voie de Mossoul qu'ils furent anciennement exportés de l'Inde.

Nouvelle espèce de Chèvres à duvet.

Le Gouvernement, désirant faciliter la comparaison et l'amélioration des races d'animaux précieux, a fait acheter en 1819, en Angleterre, des chèvres à duvet, amenées, dit-on, de l'Inde en Écosse en 1812, par un officier de la marine anglaise, qui les avait achetées dans la Tartarie, et embarquées à Calcutta : ces animaux sont depuis 1819 à l'École Royale d'Alfort; je les ai visités et examinés avec soin, et j'ai reconnu au premier aspect qu'ils diffèrent essentiellement de ceux qui ont été amenés par M. *Jaubert.*

Du Troupeau d'Alfort.

Les boucs et les chèvres d'Alfort, les mieux caractérisés, sont vifs et vigoureux; ils ont le corps assez court, la tête élevée, le nez un peu busqué, et leurs oreilles sont longues, larges et pendantes : ceux qui existent maintenant à Alfort sont tous d'un brun foncé presque noir; quelques-uns sont marqués de feu aux oreilles et aux pates; une chèvre blanche, la seule de cette couleur, est morte l'année dernière : ces animaux sont fort beaux ; ils ont **tous** un duvet doux et soyeux, mais il est court, peu abondant, et a en général beaucoup d'analogie avec le duvet des chèvres indigènes, excepté qu'il est un peu plus frisé et plus brillant.

Les produits de ces animaux en duvet sont très-faibles ; on avait pensé la première année que les fatigues du voyage, des maladies, et l'enlèvement multiplié d'échantillons par les curieux, avaient pu en diminuer très-sensiblement la quantité ; mais depuis que ces causes ont cessé, les récoltes, bien qu'augmentées, sont toujours très-peu abondantes et fort inférieures en quantité et en qualité à celles que donnent les chèvres des troupeaux de Perpignan et de Saint-Ouen.

Les boucs et chèvres du troupeau d'Alfort n'ont donné en 1823, que 17, 18, 20 et 22 grammes au plus de duvet par tête, tandis que les boucs et chèvres de l'importation *Ternaux* et *Jaubert* donnent depuis 60 jusqu'à 200 et même 250 grammes de duvet plus long et beaucoup plus élastique que celui du troupeau d'Alfort ; en outre, le plus grand nombre des chèvres de l'importation française donne un duvet précieux par sa blancheur et son éclat, tandis que celles d'Alfort ne peuvent en donner que de brun.

En général le duvet des chèvres du troupeau d'Alfort a, sauf de légères différences, les qualités et les défauts du duvet indigène ; il est, comme lui, plus coloré, plus court, et doué de moins d'élasticité que celui des chèvres de l'importation française; par conséquent il ne peut être employé avec avantage que pour les feutrages fins de la chapellerie.

Si l'on veut chercher à connaître par analogie et par simple induction quelle peut être l'origine des chèvres du troupeau d'Alfort, on trouvera facilement une grande ressemblance entre les formes apparentes de cette race et celles d'une espèce particulière, qui vient du Népaul, et dont il existe au Jardin du Roi quelques individus fort beaux; le bouc du Népaul a tous les signes extérieurs qui distinguent les boucs d'Alfort de ceux de Saint-Ouen; seulement il les a à un degré encore plus prononcé; ainsi il a les pates plus élevées, le cou plus long, le nez plus busqué, et surtout les oreilles encore plus longues et plus pendantes, et il n'a que peu ou point de véritable duvet. D'après cette comparaison on peut penser que ce bouc croisé avec des chèvres de Saint-Ouen, donnerait des produits qui, participant à-la-fois de l'une et de l'autre race, ressembleraient beaucoup aux animaux d'Alfort; si l'on considère ensuite que le Népaul est situé au pied sud de la chaîne de l'Himalhaya, sur le revers septentrional de laquelle paissent d'innombrables troupeaux de chèvres Cachemire, et au-dessus du Bengale, qu'a traversé, suivant la tradition anglaise, l'officier qui a amené ces chèvres en Écosse; qu'en outre ces chèvres ont été achetées (d'après ce que l'on m'en a dit en Angleterre) comme provision d'équipage, et conservées seulement à cause de leur beauté, sans que rien atteste que ce soit une race plus pure ou meilleure que les autres espèces disséminées dans ces vastes contrées ; on est naturellement porté à croire que ce sont réellement des métis provenant de croisemens entre les races du Népaul et du Thibet, et élevées sur les confins de ces provinces, plutôt pour leur chair ou pour leur laitage, que pour leur duvet.

Les faits cités et les observations qu'on vient de présenter prouvent assez que les chèvres d'Alfort, loin d'être, parmi les chèvres qui se trouvent maintenant en France, les seules de la véritable race à duvet de Cachemire et vraiment Thibétaine, comme on l'avait prétendu, ont une origine douteuse, et sont au moins, pour la quantité et la qualité du duvet, très-inférieures aux chèvres de Perpignan et de Saint-Ouen : celles-ci viennent aussi bien que celles d'Alfort des contrées d'où les marchands russes, persans et indiens tirent le duvet de Cachemire qu'ils envoient en Europe ; mais il est naturel de croire qu'il y a dans ces contrées si étendues diverses variétés de chèvres à duvet, comme il y a des variétés fort différentes de moutons à laine fine en divers pays.

Si l'on remarque que presque toutes les peuplades de la Tartarie qui possèdent de ces chèvres sont nomades, on sentira qu'il a dû y avoir, entre les différentes races ou variétés que présentent leurs troupeaux, des croisemens fréquens, et que c'est probablement là la cause des différences remarquées dans les formes extérieures de ces animaux et dans leurs qualités : indépendamment des rapprochemens produits par les déplacemens et les migrations perpétuelles de ces peuplades, il faut encore observer que tout sectateur du culte du Dalaï-Lama, ou grand Lama, (comme le sont presque toutes ces tribus) est obligé par sa religion de faire au moins une fois en sa vie le pèlerinage du Thibet ; or ces Tartares emmenant avec eux leurs familles et tous leurs troupeaux, il a dû résulter nécessairement de ces voyages, par acquisitions, dons, ou mélanges accidentels, des croisemens très-anciens et multipliés entre les races de chèvres propres au Thibet et celles des peuplades qui professent le lamisme de la Mongolie : on doit donc trouver des croisemens semblables et à-peu-près les mêmes produits, au grand et au petit Thibet, dans une partie des États du Mogol, chez les Kalmouks, chez les Bachkirs, chez les Kirghiz, etc.

Il pourrait, suivant M. *Jaubert,* y avoir lieu de douter si la race primitive des chèvres à duvet de Cachemire a été introduite anciennement au Thibet par des peuplades étrangères, ou si ce sont elles qui ont pris dans cette contrée les élémens de leurs troupeaux : la dernière version lui paraît cependant la plus vraisemblable à cause de la dénomination très-remarquables que les Kalmouks et les Kirghiz donnent eux-mêmes au duvet provenant de cette race, qu'ils appellent généralement *Tibet.*

On sait en général que c'est de l'Asie mineure que provient le duvet connu dans le commerce sous le nom de tiftik, ou laine de chevron, et on sait aussi qu'il existe des chèvres à duvet dans les provinces de Kerman en Perse, où l'on fabrique des schalls de qualité inférieure.

Au reste il importe peu maintenant de savoir quelle est la véritable origine de la race primitive de ces chèvres, et si elle s'est conservée plus ou moins pure dans telle ou telle partie de l'Asie; ce qui est essentiel pour nous, c'est de reconnaître quelles sont, parmi les chèvres de la Tartarie importées en Europe et particulièrement en France, celles qui méritent la préférence. Cette question ne peut et ne doit être résolue que par l'expérience; le duvet des chèvres de l'importation *Jaubert* et *Ternaux* a subi cette épreuve avec le plus grand succès, puisque M. *Ternaux* a présenté au public, à l'exposition de 1819, deux schalls fort beaux fabriqués uniquement avec le duvet des chèvres d'importation (3), et que l'on a vu à la dernière exposition du fil de Cachemire extrêmement fin, et une pièce d'étoffe de Cachemire de la plus grande beauté, de la belle manufacture de M. *Hindenlang*, composés entièrement de duvet des chèvres du troupeau de Perpignan, identique avec celui de Saint-Ouen; ce tissu a été admiré par S. A. R. Monsieur, et les hommes de l'art les plus éclairés lui ont reconnu toutes les qualités des plus beaux Cachemires de l'Inde; il ne peut donc rester aucun doute sur le mérite du duvet des chèvres de l'importation *Jaubert*, et on ne peut demander la préférence pour une autre race, qu'en produisant des résultats positifs et supérieurs à ceux que l'on vient de citer (1).

A la vérité les chèvres de l'importation française n'ont pas toutes les caractères de la race primitive au même degré, ni absolument les mêmes formes extérieures; ainsi les unes ont les soies courtes, d'autres les ont très-longues, celles-ci ont les cornes droites et croisées, celles-là les ont évasées ou recourbées en arrière; quelques chèvres ont des oreilles larges et pendantes, d'autres les ont plus étroites et plus relevées : on regarde en général les chèvres qui ont la tête courte et ramassée, les cornes droites et croisées et les oreilles tombantes, comme étant de la meilleure race, parce que ce sont généralement celles dont le duvet est le meil-

(1) On peut encore citer comme dernier moyen de conviction la comparaison, facile à répéter par tout amateur, du troupeau de Saint-Ouen avec un bouc dont l'origine n'est pas contestée, né d'un bouc et d'une chèvre qui avaient été amenés du Thibet au Bengale par des Anglais, et envoyé de Calcutta au Jardin du Roi par MM. *Diard* et *Duvaucel*, qui l'avaient obtenu de la Ménagerie du Gouvernement de l'Inde; cette comparaison prouve qu'il n'y a aucune différence importante dans la conformation ni dans la toison, entre ce bouc et ceux du troupeau de l'importation française; d'ailleurs ce bouc lui-même a servi à couvrir une partie des chèvres de ce troupeau, lors de son arrivée, parce que ses mâles étaient insuffisans.

2

leur et le plus abondant ; mais ces avantages ne sont pas attachés exclusivement aux formes que l'on vient d'indiquer ; en général on doit dans le choix de ces animaux, préférer ceux dont le duvet est abondant, d'un beau blanc, long, et surtout élastique et soyeux, parce que c'est le meilleur pour la fabrication des tissus précieux.

Du régime et de la nourriture des chèvres de Cachemire.

Les chèvres Thibétaines ne sont nullement délicates ; elles sont même plus faciles à nourrir et à conduire que les chèvres communes ; elles mangent la plupart des fourrages, la bruyère, le genêt, les herbes de jardinage et les feuillages des gros légumes : ces chèvres sont sujettes aux mêmes maladies que celles du pays ; mais elles sont en général plus robustes, moins capricieuses et moins indociles ; elles se laissent conduire facilement aux pâturages comme un troupeau de moutons ; et l'on peut voir toute l'année les chèvres de Saint-Ouen, menées ainsi par un seul berger, et traverser le parc tous les jours sans l'endommager.

Ce que les chèvres redoutent le plus, c'est l'humidité et l'air stagnant ; elles ne craignent nullement le froid ; je tiens les miennes sous de simples hangards, dont deux côtés seulement sont clos de murs et les deux autres par de simples treillages de quatre pieds de hauteur : mes chèvres y ont passé l'hiver de 1822 à 1823, qui fut très-rigoureux, sans le moindre inconvénient; pleines de vigueur, elles n'ont encore éprouvé aucune maladie depuis trois ans, et je suis convaincu que le grand air et le froid contribuent à augmenter la quantité et la qualité du duvet; dans les étables fermées ce duvet peut gagner de la finesse, mais il perd ordinairement de son élasticité.

Ces chèvres se conservent très-bien sans sortir, puisqu'il y a deux ans que les miennes n'ont été mises en liberté, et qu'elles jouissent toutes cependant de la plus belle santé.

La nourriture qui leur convient le mieux est le fourrage sec; la luzerne et le trèfle sont ceux qu'elles préfèrent; elles en consomment environ trois livres par jour; mais on peut par économie en remplacer une partie par de la paille; on peut leur donner de temps en temps des pommes de terre qu'elles mangent volontiers crues et cuites, des carrotes et des marrons d'Inde dont elles sont très-friandes; c'est surtout dans des temps humides que cette dernière nourriture leur convient, mais il faut leur en donner modérément parce qu'elle agit comme tonique astringent, et que, prise en excès, elle pourrait donner le flux de sang.

Les plantes aromatiques et amères leur conviennent aussi très-bien, surtout quand on les nourrit au vert, pour relever le ton des organes digestifs; il convient de leur donner, dans les temps humides et au printemps quand on commence à les mettre au vert, de l'absinthe, de la gentiane ou du genièvre et quelquefois du sel, mêlés avec un peu de son.

M. *Ternaux,* désirant rendre l'entretien de ses chèvres le moins dispendieux possible pour en faciliter la propagation, a essayé avec succès de leur donner des feuilles ramassées en automne conservées dans un lieu sec, et du marc de raisin qu'elles mangent très-volontiers et qui leur est très-salutaire, comme tonique : on peut le conserver sec, ou humide; le premier se donne par intervalles quand les animaux sont au vert, le second au contraire se donne en hiver pour alterner avec la nourriture sèche; le marc humide se conserve dans des cuves ou des tonneaux, on l'y entasse avec soin, on ajoute un peu d'eau pour remplir les vides, et on couvre ensuite de planches et d'une masse conique de terre ou de sable, pour maintenir la pression et prévenir l'évaporation. On peut conserver ce marc et celui du cidre partout, en ayant soin de le tasser et d'intercepter toute communication avec l'air.

De la Récolte du Duvet.

Le duvet des chèvres de Cachemire, destiné par la nature à les préserver contre le froid, commence à paraître au mois de septembre; il croît jusqu'à la fin de février et se détache naturellement dans les mois de mars et avril; quelques animaux le conservent jusqu'au mois de juin; on le récolte avec des peignes à larges dents, qui réunissent et enlèvent les flocons légers retenus par le grand poil ou le jarre ; cette récolte dure de huit à douze jours pour chaque bête ; on les peigne trois ou quatre fois chacune pendant ce temps : les meilleures chèvres ne donnent guères que 200 grammes de duvet épluché, quelques-unes cependant en donnent jusqu'à 250 grammes (ou 1/2 livre) ; les chèvres à longues soies, qui sont les plus belles, donnent ordinairement moins de duvet que les autres ; j'en ai cependant une de cette variété qui en a beaucoup ; le duvet des boucs est presque toujours plus frisé et plus élastique que celui des chèvres, mais il est ordinairement moins fin. En général le duvet de ces animaux, surtout celui des mâles, diminue de finesse à mesure qu'ils avancent en âge, tandis que le contraire a lieu pour les toisons de mérinos.

Emploi du Duvet.

L'essor qu'ont pris si rapidement les manufactures de Cachemire français et les nouveaux usages auxquels on applique maintenant ce lainage précieux ont déterminé des achats considérables de duvet en Perse et en Tartarie, et les importations en ont été telles dans ces derniers temps, que le kilogramme de cette substance qui coûtait il y a plusieurs années 80 et 100 francs, ne vaut maintenant que de 20 à 25 francs selon sa beauté et sa pureté : l'emploi des tissus d'utilité réelle en duvet, se multipliant et se répandant successivement dans diverses classes de la société, le prix de la matière première se relèvera probablement par l'extension des besoins ; en outre les voies de ce commerce étant longues, difficiles et incertaines, il suffirait de quelques troubles dans une partie de la Tartarie, ou même d'une guerre dans laquelle la Russie se trouverait engagée, pour augmenter subitement la valeur du duvet de Cachemire et peut-être pour le porter à son ancien taux, et même plus haut si les communications se trouvaient interceptées ; il importe donc de conserver avec un grand soin la race précieuse que nous possédons et qu'on ne recouvrerait probablement plus si on venait à la perdre.

Du Jarre.

Dans l'Asie, on est généralement dans l'usage de tondre complètement les chèvres, et on envoie ainsi en Europe les toisons entières avec le duvet et le jarre mêlés, ce qui exige beaucoup de main-d'œuvre pour l'épluchage ; M. *Ternaux* a commencé à filer ce jarre, auquel restent mêlés quelques déchets de duvet, et il espère parvenir à l'utiliser.

Désirant connaître si les chèvres importées en France pourraient dans notre climat supporter la tonte générale sans danger, j'ai fait tondre une chèvre de Cachemire le printemps dernier, au mois de mai, après la récolte du duvet ; elle n'en a rien éprouvé de fâcheux, et elle paraît avoir un peu plus de duvet cette année que l'année dernière. Je pense qu'on pourrait employer le long jarre en place du crin dans les matelas et dans les meubles, soit seul, soit mêlé avec de la laine grossière, après lui avoir fait subir les préparations que l'on donne au crin destiné à cet usage, et qui est d'un prix assez élevé : M. *Tessier,* inspecteur-général des bergeries royales, après avoir puissamment contribué, par son zèle et par ses sages conseils, à conserver les chèvres de Cachemire confiées à ses soins à leur arrivée en France, et à les répandre depuis dans divers départemens', en éclairant les agronomes et les manufacturiers sur le mérite de ces chèvres et sur la facilité de leur entretien, s'est aussi occupé d'utiliser leur jarre : ayant fait tondre un grand nombre de chèvres du troupeau de Perpignan, par des motifs sanitaires, il a fait faire avec leur dépouille des cordes qui ont très-bien réussi et sont d'un très-bon service. Cet excellent citoyen, qui a rendu de si grands services à l'agriculture, m'a assuré que les chèvres tondues n'avaient nullement souffert de cette opération.

DEUXIÈME PARTIE.

RECHERCHES ET ESSAIS DE PERFECTIONNEMENT.

Possesseur depuis trois ans de chèvres asiatiques achetées aux premières ventes de Saint-Ouen, j'ai cherché non-seulement à conserver ce petit troupeau dans le meilleur état possible, mais encore à l'améliorer; l'examen attentif de la production et des variations du duvet de ces chèvres, et la comparaison que j'en ai faite avec le duvet de plusieurs autres animaux, m'ont persuadé qu'il devait être possible d'en accroître la production et d'en augmenter les qualités : je vais exposer d'abord les recherches et les observations qui ont précédé mes premiers essais ; je ferai connaître ensuite les résultats que j'ai obtenus.

On trouve sur très-grand nombre de quadrupèdes deux sortes de fourrures ; l'une apparente, est généralement longue et forte ; l'autre cachée au fond de la première, est plus courte et plus fine ; c'est celle que l'on nomme duvet ; on voit cette seconde fourrure croître, ou au moins se développer plus sensiblement à l'entrée de l'hiver chez un grand nombre d'animaux de notre climat, tels que les ours, les loups, les renards, les chamois, les chèvres communes, les lièvres, les lapins, les martres, les fouines, etc. : elle est abondante surtout dans les animaux des pays froids, et c'est elle qui fait le mérite principal des pelleteries du Nord : ces duvets sont tous doux et moelleux ; mais ils manquent généralement de longueur et d'élasticité, et sont, par ce motif, impropres à la filature, et conséquemment à la fabrication des tissus ; plusieurs espèces de moutons ont aussi deux sortes de toisons ; l'une plus fine et plus courte, l'autre plus longue et plus dure ; on en trouve des exemples remarquables dans les moutons à grandes laines, tels que les moutons d'Astracan et de Barbarie, et dans plusieurs autres espèces de moutons de l'Asie et de l'Afrique.

Ces faits et le souvenir du jarre que l'on voit souvent sur les mérinos me portèrent à croire que cette espèce avait pu, dans l'origine, avoir deux toisons différentes, et que l'accroissement de la toison fine, devenue générale aux dépens de la toison dure qui avait presqu'entièrement disparu, avait pu résulter soit de croisemens particuliers, soit des soins apportés pendant une longue suite de générations dans le choix des animaux destinés à la propagation ; je ne me livrais qu'avec beaucoup de réserve à ces présomptions, lorsque j'eus l'avantage d'entrer en relation avec l'un des auteurs du grand et bel ouvrage sur les mammifères, M. *Frédéric Cuvier,* qui dirige et surveille les soins donnés à la collection d'animaux vivans du Jardin du Roi, et qui a fait sur diverses races des essais utiles et un grand nombre d'observations importantes; ce savant et obligeant professeur, dont l'opinion est d'un grand poids dans cette recherche, me fit connaître qu'il était persuadé par ses expériences et ses études que la laine des mérinos devait être considérée comme une espèce de duvet ou de toison fine intérieure, qui de partielle était devenue générale et unique par des causes inconnues. Cette déclaration et plusieurs faits analogues, que M. *Cuvier* voulut bien me communiquer, me confirmèrent dans l'opinion que je m'étais formée sur la possibilité d'accroître le duvet et de diminuer progressivement la proportion du poil ou jarre de divers quadrupèdes, et augmentèrent encore mon désir de chercher à obtenir un changement semblable dans la toison des chèvres de Cachemire.

Pénétré de cette idée et persuadé que l'on ne pouvait parvenir au but que je me proposais que par un croisement, je ne tardai pas à me convaincre que, parmi les diverses races de chèvres qui m'étaient connues, celle d'Angora était la seule qui pût remplir mes intentions, parce que les chèvres de cette race sont en effet les seules dont la toison fine et soyeuse participe de plusieurs des qualités du duvet de Cachemire, quoiqu'elle n'en ait ni la finesse ni le moelleux, en même temps qu'elle le surpasse en longueur et en élasticité.

J'appris qu'il n'y avait en France qu'un seul

troupeau encore peu nombreux de chèvres d'Angora, qui avait été envoyé, par S. M. le Roi de Naples, à S. A. R. Madame la Duchesse DE BERRY : j'allai le voir en septembre 1822, à Rosny; en examinant ces animaux avec soin, je reconnus qu'ils avaient au fond de leur toison et principalement sur l'épine du dos des poils durs d'un blanc mat, totalement différens des soies fines et brillantes qui forment la masse générale de la toison, ce qui me fit penser que ce jarre était le poil primitif et les soies un véritable duvet devenu général ; je n'eus plus de doute à ce sujet quand le berger m'apprit que ces soies se détachaient naturellement au printemps; je m'empressai alors de solliciter de S. A. R. la permission, qu'elle eut la bonté de m'accorder immédiatement, d'envoyer à Rosny deux de mes chèvres de Cachemire, pour les faire couvrir par un bouc d'Angora; une seule fut pleine, mais elle me fit à la fin d'avril 1823, deux chevreaux mâle et femelle : je vis avec une grande satisfaction dès le commencement de septembre un duvet très-abondant et fort beau se développer sur ces jeunes animaux; la chevrette avait le poil plus court et le duvet plus long que le chevreau; en sorte que dès la fin de septembre, on vit ce duvet sortir de toutes parts en boucles légères qui donnaient à cette jeune bête un aspect fort agréable et la faisaient admirer de toutes les personnes qui visitaient mon troupeau : le chevreau avait aussi un duvet long et abondant, mais il n'était pas aussi visible, parce qu'il ne dépassait pas le long-poil : à la fin de septembre le duvet très-abondant de la chevrette avait déjà 6 centimètres (environ 2 pouces) de longueur, tandis que le duvet des chèvres de Cachemire ordinaires ne faisait que commencer à sortir et n'avait encore qu'un centimètre et 1/2 (environ 1/2 pouce); celui du chevreau à la même époque était de 4 centimètres (1 pouce 1/2).

Ce qu'il y a de plus remarquable dans ce produit, c'est que la mère de ces deux chevreaux, qui est une chèvre à longues soies, est celle de mes chèvres de Cachemire dont le duvet est le moins abondant, et c'est aussi un des plus courts, puisqu'il avait à peine 3 centimètres (1 pouce) de longueur lors de la dernière récolte : le duvet de la jeune chevrette Cachemire-Angora est maintenant de 12 centimètres, (4 pouces 1/2), et il doit croître encore un peu, avant de se détacher : sa finesse est un peu moindre que celle du duvet de Cachemire pur ; mais il a plus d'élasticité, et j'estime que la quantité de ce duvet doit être au moins double de celle que l'on récolte sur une bonne chèvre de Cachemire du même âge.

J'ai fait voir des échantillons de ces produits à M. *Ternaux*, qui les a admirés et m'a fort engagé à continuer et à multiplier mes essais ; il pense que ce duvet pourra servir à faire des tissus bien supérieurs à ce que l'on a fabriqué de plus beau jusqu'à présent.

L'air de notre climat étant beaucoup moins vif

que celui du Thibet et de la Tartarie, on peut craindre qu'à la longue le duvet des chèvres de Cachemire ne perde en France une partie de l'élasticité, qui est une de ses qualités les plus précieuses et les plus indispensables pour faire de bons tissus; mais les soies d'Angora, dont on fabrique les beaux camelots de l'Orient, ayant beaucoup plus de nerf et d'élasticité, on trouvera, dans le croisement de cette race avec les chèvres de Cachemire, la faculté d'accroître à volonté le ressort de leur duvet, en même temps qu'il en augmentera la longueur et la quantité.

Ayant appris, dans une nouvelle visite que je fis à Rosny l'automne dernier, que le troupeau d'Angora était augmenté de plusieurs jeunes boucs qui ne lui étaient pas nécessaires, j'écrivis à S. A. R. Madame la Duchesse de Berry, pour lui faire connaître l'heureux résultat que j'avais obtenu par le croisement qu'elle avait daigné permettre, et mon désir de pouvoir le continuer : cette auguste Princesse, prenant en considération les avantages qui pouvaient résulter de ces améliorations pour la France, eut l'extrême bonté d'ordonner que deux boucs et une chèvre d'Angora de son troupeau me fussent remis, en échange d'un bouc et de deux chèvres de Cachemire que je lui avais offerts.

Grâce à cette précieuse cession, je pourrai maintenant continuer et multiplier mes essais avec facilité; malheureusement mes chèvres de Cachemire, à l'exception de deux seulement, étaient pleines avant l'arrivée des boucs d'Angora : j'espère continuer et confirmer mes expériences l'été prochain sur un plus grand nombre d'animaux, et me propose de tenter en même temps le croisement inverse d'une chèvre d'Angora par un bouc de Cachemire.

Les résultats déjà obtenus permettent d'espérer maintenant que l'on parviendra à former une race nouvelle bien plus précieuse encore que celle de Cachemire, parce qu'elle donnerait un duvet beaucoup plus abondant, plus long et plus élastique, et qu'en suivant ces perfectionnemens avec persévérance, il deviendra possible de réduire de beaucoup la proportion du jarre et peut-être un jour de tondre le duvet en toisons générales, comme on tond maintenant les mérinos.

Si l'expérience continue à confirmer l'espoir dont je me suis flatté en commençant mes recherches, comme l'annonce le beau produit du premier croisement, et si la multiplication du Cachemire-Angora devient par la suite véritablement utile et avantageuse pour notre pays, je répéterai avec reconnaissance, et on se rappellera toujours que les premiers succès sont dus en principe à la protection que S. A. R. Madame la Duchesse DE BERRY a daigné accorder à mes essais, et que c'est encore à cette auguste Princesse que je suis redevable de la possibilité de les continuer et d'en assurer les résultats.

---

(1)   PREMIÈRE NOTE.

Extrait du Voyage de TURNER *dans l'Inde.*
(A l'article du Thibet.)

It was our first care in the morning to defend ourselves with
our warmest clothing; and indeed our thickest garments were
no more than necessary, to guard against the keen severity of
the atmosphere. Yet here we saw multitudes of the valuable
animal, whose coat affords materials for that exquisitely fine
aud beautiful manufacture, the Shawl. They were feeding in
large flocks, upon the thin dry herbage that covers these
naked-looking hills. This is, perhaps, the most beautiful species
amongst the whole tribe of goats; more so, in my opinion,
than the angola kind. Their colours were various; black, white,
of a faint bluish tinge, and of a shade something lighter than
a fawn. They have straight horns, and are of a lower stature
than the smallest sheep in England. The material used for the
manufacture of shawls, is of a light fine texture, and clothes
the animal next the skin. A coarse covering of long hair grows
above this, aud preserves the softness of the inferior coat. This
creature seems indebted, for the warmth aud softness of its
coat to the nature of the climate it inhabits : Upon removing
some of them to the hot atmosphere of Bengal, they quickly
lost their beautiful clothing, and a cutaneous eruptive humour
soon destroyed almost all their coat. I was also unsuccessful in
repeated trials, to convey this animal to England. It would
neither endure the climate of Bengal, nor bear the sea; though
some few of them, indeed, lived to land in England, yet
they were in so weak a state, that they very shortly after
perished.

Traduction de l'Extrait qui précède.

Notre premier soin, dans la matinée, était de nous garantir du froid avec nos vêtemens les plus chauds ; en effet nos habits les plus épais étaient nécessaires pour nous préserver contre la rigueur piquante de l'atmosphère. Malgré ce froid nous vîmes des multitudes d'animaux précieux, dont la toison produit la matière propre à la fabrication de schalls d'une beauté et d'une finesse rares. Ils paissent en grands troupeaux dans les pâturages maigres et secs qui couvrent ces montagnes dépouillées. C'est peut-être la plus belle espèce parmi toute la race des chèvres, plus encore, dans mon opinion, que la race angora. Leurs couleurs étaient variées, noire, blanche, d'une teinte bleuâtre, ou d'une apparence un peu plus claire que celle du faon. Ces animaux ont les cornes droites et sont d'une taille plus basse que les moutons d'Angleterre. La matière employée pour la fabrication des schalls est un duvet fin et léger qui enveloppe l'animal près de la peau.

Une couverture grossière de longs poils croît au-dessus de ce duvet, et garantit la douceur de la toison inférieure. Cet animal semble redevable de la mollesse et de la chaleur de sa toison à la nature du climat qu'il habite. Quelques-uns ayant été transportés dans l'atmosphère brûlante du Bengale, y perdirent promptement leur superbe toison, et une éruption cutanée d'humeurs détruisit bientôt presque toute leur robe. J'ai essayé plusieurs fois, sans succès, d'en transporter en Angleterre ; ils ne pouvaient ni endurer le climat du Bengale, ni supporter la mer ; quelques-uns, à la vérité, vécurent en Angleterre, mais ils étaient dans un état si faible qu'ils périrent très-peu de temps après.

(2) DEUXIÈME NOTE.

Déclaration de M. JOUANNIN, *Drogman et premier Interprète de l'Ambassade française à Constantinople.*

Un Arménien, nommé *Khodja Youssuf* (1), qui fut envoyé, il y a dix-huit ans, par une maison de Constantinople, pour faire fabriquer à Cachemire des schalls sur des dessins nouveaux dont il était porteur, m'a plusieurs fois parlé de ce pays et des autres contrées orientales, où les circonstances l'ont jeté. Il a habité long-temps Cachemire, Lahor et Pichawer, lieux où, avec la connaissance des langues, il a acquis des notions positives sur la fabrication des schalls de Cachemire.

L'arrivée de M. le chevalier *Jaubert*, avec le troupeau de chèvres qu'il a achetées sur les bords de l'Oural, chez les Kirghis, tribus indépendantes de race Mongole, et le but important que veulent atteindre MM. *Ternaux* et Fils, en faisant une tentative aussi intéressante et aussi coûteuse, devaient m'engager à procurer à M. *Jaubert* une entrevue avec *Khodja Youssuf.* Elle a eu lieu le 16 de ce mois (avril), en ma présence et par mon intermédiaire. Je vais en donner ici une relation fidèle.

Après avoir traduit à *Khodja Youssuf* les passages des ouvrages de MM. *Malte-Brun* et *Legoux de Flaix*, qui concernent le duvet de Cachemire, les questions suivantes lui ont été posées :

1° Quelle est l'espèce d'animal, dont le poil ou la laine sert à la fabrication des schalls et tissus de Cachemire ?

___

(1) Ce négociant se nomme aussi *Khodja Anton, Kaloust Oglou ;* il est né à Constantinople. Le nom de *Khodja Youssuf* est celui par lequel il est connu à Cachemire, dans l'Afganistan, en Perse et aux Indes ; il a été à Calcutta, à Madras et à Bombay. (*Note de M. Jouannin.*)

Réponse. C'est une chèvre du Thibet, et non le chameau à une bosse, ni le mouton indigène de Cachemire (1).

2° Quelle est la configuration, la couleur et le poil de cet animal ?

Réponse. Il ressemble à une chèvre ordinaire ; il a en général les cornes droites ; il est de couleur plus ou moins blanche, ou brun très-clair (café au lait). Un poil grossier (nommé *Bal* en cachemirien, *Moui* en persan, et *Yapak* en turc), couvre le *tiftik* ou duvet laineux employé dans les fabriques de schalls. J'ai vu moi-même à Cachemire 25 ou 30 de ces chèvres, que l'on y conservait par curiosité.

3° Emploie-t-on, soit isolément, soit par mélange dans cette fabrication, quelque laine, poil ou duvet, tels que ceux de chameau, de brebis dite cachemirienne ou autre ?

Réponse. Non ; on n'emploie que le duvet laineux pur de la chèvre thibétaine. C'est à tort qu'on parle de poil de chameau ou de laine de brebis. J'ai suivi moi-même cette fabrication dans tous ses détails, depuis l'ouverture des balles envoyées du Thibet jusqu'à l'entier achèvement des schalls. Des femmes et des enfans s'occupent du triage des laines, que l'on sépare avec soin et dont on extrait les parties grossières (*Yapak,* en français Jarre), hétérogènes ou diversement colorées. Les jeunes filles en prennent les flocons et les *cardent* avec leurs doigts à plusieurs reprises, sur des tapis de mousseline des Indes, afin d'alonger la laine sans la briser, et de la nétoyer de toute impureté ; elle devient alors très-brillante. Dans cet état, elle est livrée aux teinturiers et aux fileuses.

Le métier, placé horizontalement, est très-simple et même grossier. L'ouvrier travaille sur l'envers : un enfant, placé des-

---

(1) Ce mouton indigène est semblable en tout aux moutons de Perse et de l'Asie-Mineure ; seulement sa laine est un peu plus belle que celle qu'on recueille dans ces contrées. (*Note de M. Jouannin.*)

sous, et ayant le dessin sous les yeux, avertit à chaque coup de navette l'ouvrier, et prononce le nom des couleurs qu'il doit employer, tel que *zerd* (jaune), *lal* (nacarat), *kirmis* (rouge), *sebz* (vert), *abi* (bleu-ciel), *nili* (indigo), etc., etc., etc., couleurs de toute nuance, dont sont chargées les bobines que l'ouvrier a sous la main. Les plus beaux schalls coûtent en fabrique cinq à six cents roupies (de 12 à 1500 francs environ).

4° De quels pays proviennent les lainages dont on se sert ?

Réponse. Les plus beaux viennent des cantons de Lassa et de Ladak, dans le Thibet ; il en sort aussi en grande quantité de *Kachghar* (vulgairement Casgar), et de *Bokhara*, que l'on exporte dans le Thibet et à Cachemire, où ces laines sont converties en schalls, dont on fait une consommation immense dans toute l'Asie.

5° Ces lainages sont-ils recueillis purs ou mélangés d'autres poils ?

Réponse. On les apporte à Cachemire, en balles, tels qu'ils proviennent de la tonte des chèvres thibétaines, et mélangés de poil grossier (yapak), qui recouvre extérieurement le beau duvet laineux (tiftik ou tivit, et tibit dans le Turquestan et à Bokhara).

Ces détails m'ont été en outre pleinement confirmés, le dimanche 18 avril, par *Molla Abdurrahman Khaimali Veled Athanias*, négociant de *Khaiva*, dans la province de *Kharizme* en Turquestan, que ses affaires ont amené à Constantinople, et qui se rend à la Mecque, et par *Hadji Mir Khairullah de Bokhara*, négociant, qui va retourner dans sa patrie ; tous deux également intéressans par leurs connaissances, par leurs voyages et le caractère de sincérité qui les distingue.

En conséquence, je remets à M. le chevalier *Jaubert*, pour en faire tel usage qu'il jugera convenable, la présente déclaration, en tout conforme aux réponses et explications données

en persan par les trois négocians ci-dessus nommés, et que j'ai
fidèlement traduites et recueillies.

Fait à Constantinople, ce 19 avril 1819.

Signé J^h Me JOUANNIN,

Deuxième drogman titulaire, faisant les fonctions de premier
interprète de l'ambassade de S. M. T. C. à Constantinople,
chevalier de l'ordre du Soleil de Perse (2e classe), et ex-
premier interprète et chargé des affaires de la légation
française en Perse, pendant les années 1807, 1808, 1809
et 1810.

Je certifie que la pièce ci-jointe est signée par M. *Jouannin*,
drogman de l'ambassade de France à Constantinople.

Pera, 19 avril 1819.

Signé Ch. marquis DE RIVIÈRE.

(3)   TROISIÈME NOTE.

A l'exposition des Produits de l'industrie de 1819, M. *Ternaux*
l'aîné a mis sous les yeux du public deux schalls blancs unis fabriqués avec le duvet des chèvres importées en France; ce duvet,
à la sortie des chèvres du lazareth de Marseille, a été levé sur ces
animaux par les commissaires du gouvernement et envoyé par
eux au Ministre de l'Intérieur : le Préfet de la Marne ayant reçu
ce duvet du Ministre, désigna des commissaires chargés de suivre
toutes les opérations de la fabrication des schalls confectionnés
entièrement sous leurs yeux, puisqu'on apposait chaque soir les
scellés sur les portes de l'atelier. Le tissu qui résulta de ce tra-
vail fut adressé au Ministre, et de là au Jury présidé par M. le
duc de *Larochefoucault-Liancourt*, qui le déclara semblable aux
duvets de Cachemire les plus distingués.

Indication

des Figures de la Planche 1.

N.° 1. Bouc Cachemire d'importation française, du troupeau de Versailles.

2. Bouc Asiatique d'importation anglaise, du troupeau d'Alfort.

3. Bouc angora, du troupeau de Rosny.

4. Bouc et Chèvre du Népaul, du Jardin du Roi.

5. Chèvres Cachemire d'importation française, du troupeau de Versailles.

6. Chèvres asiatiques d'importation anglaise, du troupeau d'Alfort.

7. Chèvre et Chevreau angoras du troupeau de Rosny.

8. Chèvre Cachemire-angora, fille du Bouc — angora N.° 3, et de la Chèvre — cachemire à longues soies, N.° 5, du troupeau de Versailles.

Boucs.

Lith. de C. Constans.

4
1
3
2
5

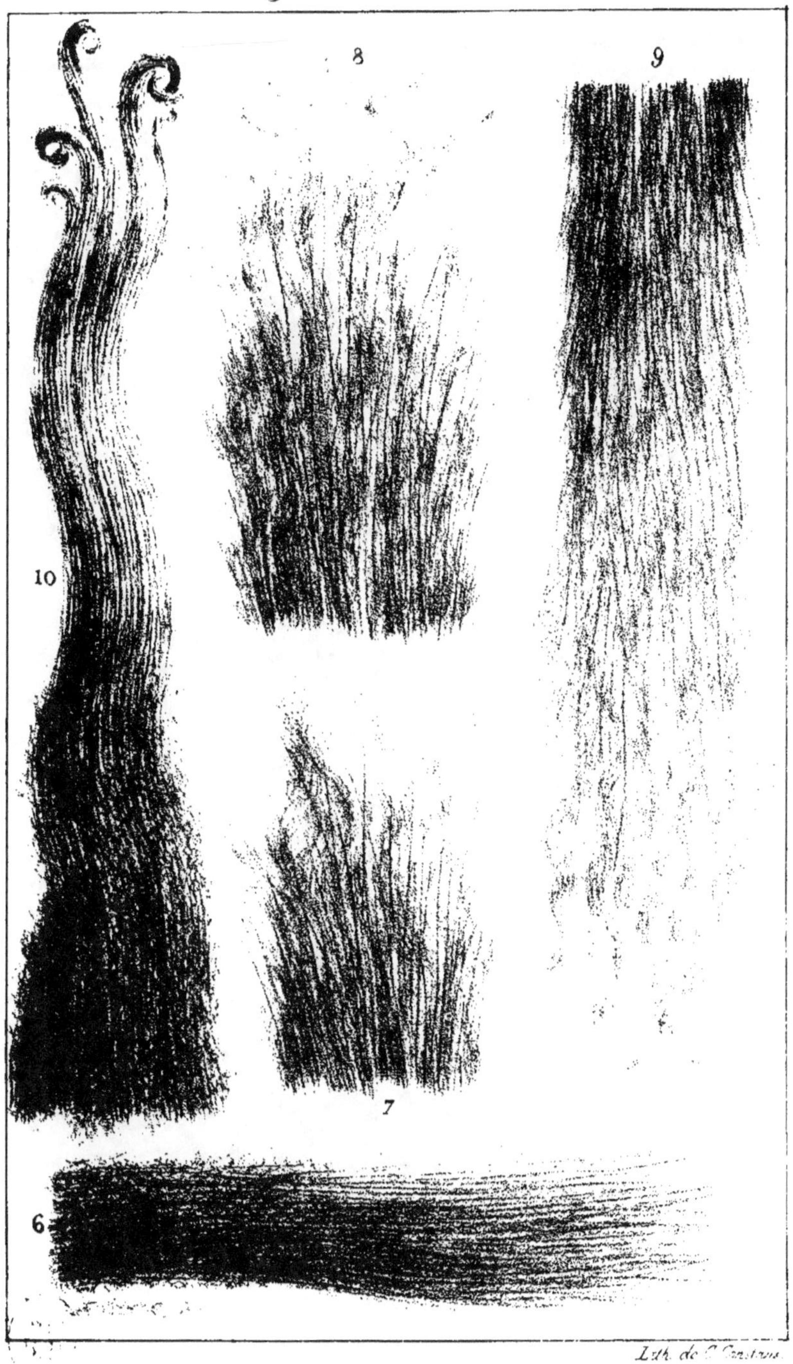

Lith. de C. Constans.

Indication
des Figures de la Planche II.

Échantillons de Toisons diverses de grand.^r naturelle.

N.º 1. Toison de chèvre cachemire avec duvet ordin.^{re}

2. Toison de chèvre cachemire avec duvet de 1.ª qualité.

3. Toison de chèvre cachemire à longues soies avec duvet court.

4. Toison de Bouc angora de Rosny.

5. Toison d'un bouc d'Alfort à oreilles larges avec duvet pelotonné et cotonneux.

6. Toison d'une chèvre d'Alfort à oreilles larges avec duvet soyeux mais clair.

7. Toison d'une Chevrette cachemire-angora à l'âge de six mois.

8. Toison de la même chevrette à l'âge de 8 mois.

9. Toison de la même âgée de 11 mois.

10. Toison d'un jeune bélier d'astracan âgé de 7 mois.

Nota. La jeune Chèvre cachemire-angora dont la toison est indiquée aux différentes époques de croissance sous les numéros 7, 8 et 9 est née du Bouc d'Angora qui a donné l'échantillon N.º 4, et de la Chèvre qui a donné l'échantillon N.º 3.